BEI GRIN MACHT SICH IHR
WISSEN BEZAHLT

- Wir veröffentlichen Ihre Hausarbeit,
  Bachelor- und Masterarbeit

- Ihr eigenes eBook und Buch -
  weltweit in allen wichtigen Shops

- Verdienen Sie an jedem Verkauf

Jetzt bei www.GRIN.com hochladen
und kostenlos publizieren

Bibliografische Information der Deutschen Nationalbibliothek:

Die Deutsche Bibliothek verzeichnet diese Publikation in der Deutschen National-bibliografie; detaillierte bibliografische Daten sind im Internet über http://dnb.d-nb.de/ abrufbar.

Impressum:

Copyright © 2018 GRIN Verlag
Druck und Bindung: Books on Demand GmbH, Norderstedt Germany
ISBN: 9783668693470

Dieses Buch bei GRIN:

https://www.grin.com/document/423942

Lilly Sarisakal

Empirische Forschungsmethoden und angewandte Statistik

Gesundes Arbeiten bei der JoinLife GmbH

GRIN Verlag

GRIN - Your knowledge has value

Der GRIN Verlag publiziert seit 1998 wissenschaftliche Arbeiten von Studenten, Hochschullehrern und anderen Akademikern als eBook und gedrucktes Buch. Die Verlagswebsite www.grin.com ist die ideale Plattform zur Veröffentlichung von Hausarbeiten, Abschlussarbeiten, wissenschaftlichen Aufsätzen, Dissertationen und Fachbüchern.

Hochschule für angewandtes Management
Fakultät für Wirtschaftspsychologie

Modul: Empirische Forschungsmethoden und angewandte Statistik
Studiengruppe: 2

Gesundes Arbeiten
bei der JoinLife GmbH

Lilly Marie Sarisakal

Eingereicht am: 16.03.2018

ABSTRACT

Hauptsächlich besteht der Inhalt dieses Forschungsberichts aus der internen Mitarbeiterbefragung zum Thema „Gesundes Arbeiten" bei der JoinLife GmbH. Diese Befragung fand in Form eines Fragebogens statt. 119 Mitarbeiter und Mitarbeiterinnennahmen daran teil. Darunter befanden sich 62,2 Prozent männliche und 37,8 Prozent weibliche Teilnehmer. Die Ergebnisse der Fragebögen werden ausgewertet und daraus anschließend entsprechende Schlussfolgerungen gezogen. Folgende Variablen spielen dabei eine Rolle: Persönliche Angaben wie das Geschlecht und die Abteilungszugehörigkeit, körperliche Anforderungen und gesundheitliche Beschwerden. Die JoinLife GmbH ist ein Fertigungsunternehmen. In eigener Produktion werden dort innovative Fitnessgeräte produziert und ausgeliefert. Die körperlichen Anforderungen der Mitarbeiter hierbei werden von der Geschäftsleitung als hoch eingestuft. Deshalb gewinnt das Thema „Gesundes Arbeiten" auch in der JoinLife GmbH eine immer höhere Bedeutung, denn nur gesunde Mitarbeiter leisten effiziente Arbeit. Die Ursache für das erhöhte Bewusstsein zu dieser Thematik und wie diese sich im Unternehmen bemerkbar macht, ist ein Bestandteil dieser Arbeit. Ebenso wie die verwendeten Analyseverfahren und diverse Herausforderungen, welche sich bei der Durchführung und Auswertung Mitarbeiterbefragung auftraten. Auch die Ergebnisse der Fragebögen sind ein Teil des Forschungsberichts. Diese werden zudem eingehend beschrieben und interpretiert. Abschließender Bestandteil dieser Arbeit sind ein Zukunftsausblick und eine Gesamtinterpretation.
Durch die Untersuchung wurde ersichtlich, dass das Unternehmen individuell auf die verschiedenen Mitarbeitergruppen eingehen muss, um deren Gesundheit beim Arbeiten nicht zu gefährden.

The main content of this research report is about the internal employee survey on the topic "Healthy working" at JoinLife GmbH. This survey took the form of a questionnaire. 119 employees took part in it. Among them were 62.2 percent male and 37.8 percent female participants. The results of the questionnaires will be evaluated and conclusions drawn accordingly. The following variables play a role: physical requirements, health problems, gender and departmental affiliation. JoinLife GmbH is a manufacturing company. In their own production, innovative fitness equipment is produced and delivered there. The physical requirements of the employees are classified as high by the management. Of the-half the topic "Healthy work" is also becoming more and more important in JoinLife GmbH, because only healthy employees perform efficient work. The reason for the increased awareness of this topic and how it makes itself felt in the company is an integral part of this work. As well as the analysis methods which were used and various challenges that arose during the implementation and evaluation of the employee survey.

The results of the questionnaires are also part of the research report. These are also described and interpreted in detail. A concluding part of this work is a future outlook and an overall interpretation.

The investigation has shown that the company must respond individually to the different groups of employees in order not to endanger their health when working.

Inhaltsverzeichnis

1 Einleitung

Durch den ständigen Wandel und die zunehmende Globalisierung wird der Wettbewerbsdruck für die Unternehmen stetig größer. Ein Unternehmen ist immer nur so erfolgreich, wie seine Mitarbeiter es sind. Deshalb stellen die Mitarbeiter eines Unternehmens die wichtigste Ressource dar, um diesem Druck standhalten zu können. Sie bilden den Faktor, welcher über die essenziellen Kompetenzen verfügt, um einen langfristigen Unternehmenserfolg garantieren zu können. Die Gesundheit aller Mitarbeiter ist deshalb von größter Bedeutung, denn nur gesunde Mitarbeiter sind dazu in der Lage, ihre Arbeit effektiv zu verrichten. Die Gesundheit der Arbeitnehmer geht ebenfalls mit deren Zufriedenheit, Motivation und ihrer Arbeitsleistung einher (Fehlau, 2013).

In der Forschung zur Arbeitszufriedenheit werden vier Schwerpunkte festgehalten:

- Der psychisch-ökonomische Faktor, in dem vor allem die äußeren Arbeitsbedingungen und die finanzielle Entlohnung in den Fokus rücken.
- Der soziale Aspekt, der die Arbeitszufriedenheit insbesondere auf die zwischenmenschlichen Beziehungen zurückführt.
- Der selbstverwirklichungsorientierte Faktor, welcher den Grund für Zufriedenheit bei der Arbeit vor allem in der Möglichkeit der Selbstverwirklichung Arbeitnehmers innerhalb der Arbeitstätigkeit sieht.
- Der persönlichkeitsorientierte Aspekt, bei dem man davon ausgeht wird, dass die Arbeitszufriedenheit, der Optimismus und die Motivation relativ unabhängige Persönlichkeitsmerkmale sind (Rosenstiel, Molt, & Rüttinger, 1995).

Die JoinLife GmbH ist ein fiktives Unternehmen. In eigener Produktion werden dort innovative Fitnessgeräte produziert und ausliefert. Erst kürzlich wurde im Unternehmen eine Kampagne zur Förderung und Verbesserung der Gesundheit der Mitarbeiter gestartet. Das Thema der vorliegenden Arbeit ist deshalb die Anfertigung eines Forschungsberichts über eine Mitarbeiterbefragung der JoinLife GmbH zum Thema „Gesundes Arbeiten".

Die einbezogenen Variablen sind das Geschlecht, die physischen Anforderungen und Gesundheitsbeschwerden. Zu Beginn des Forschungsberichts wird der theoretische Hintergrund zum Thema „Gesundes Arbeiten" beleuchtet. Anschließend wird die darauf basierende Forschungsfrage, sowie die zugehörigen Hypothesen erörtert. Im nächsten Schritt folgt die Operationalisierung der Arbeit. Die Datenerhebung wird darauffolgend beschrieben. Den Kern des Forschungsberichts stellt die Datenauswertung dar. Hierbei wird auch die Datenaufbereitung, sowie die durchgeführte deskriptive und inferenzstatistische Analyse ausführlich beleuchtet. Die gewonnenen Ergebnisse werden anschließend mit der Datenauswertung abgeglichen. Darauf basierend werden die zuvor formulierten Hypothesen bewertet. Abschließend werden die gewonnen Daten interpretiert und eine Prognose für Verbesserungen und mögliches weiteres Vorgehen abgegeben.

2 Theoretischer Hintergrund

Für viele Menschen ist der Arbeitsplatz ein Ort der beruflichen Erfüllung und Selbstverwirklichung. Im Idealfall ist das Arbeitsklima freundlich und offen und die Leistung der einzelnen Mitarbeiter wird wahrgenommen und wertgeschätzt. Jedoch sind gesundheitliche Beschwerden auf der Arbeit vielen Beschäftigten bekannt. Dabei wird grundsätzlich zwischen zwei Grundursachen unterschieden:

Physische und psychische Belastungen. Viele Arbeitnehmer beklagen sich immer häufiger über schmerzhafte Nackenleiden, Kopfschmerzen und Erschöpfung. Vor allem Beschwerden, die auf körperliche Belastungen am Arbeitsplatz zurückgehen, gehören immer mehr zur Normalität in der Arbeitswelt.

Physische Belastungen, welche beispielsweise durch ungünstige Körperhaltung oder schweres Heben und Tragen zustande kommen, stellen nach wie vor gesundheitliche Gefährdungen für Beschäftigte dar. Physische Belastungen lassen sich in drei Arten unterteilen: Schwere Arbeit, sich häufig wiederholende Tätigkeiten und statische Zwangshaltungen. So zeichnen sich Rückenschmerzen bis heute als die häufigsten Handlungsdiagnosen bei erwerbstätigen Männern und Frauen aus (Fehlau, 2013).

Das dauerhafte Arbeiten mit großer Last birgt ein hohes gesundheitliches Gefährdungspotential. Die oft ungünstige Körperhaltung kann kurz über lang dazu führen, dass schmerzhafte Schädigungen, wie Muskelzerrungen, Gelenkblockierungen oder Knochenbrüche bei Arbeitsunfällen auftreten. Auch chronische Dauerschäden wie Bandscheibenverschleiß und Muskelverspannungen können die Folge sein. Dabei muss physische Belastung am Arbeitsplatz nicht zwingend mit schweren Lasten einhergehen. Handarbeiten mit geringer Kraftanstrengung können durch ständige Wiederholung und häufige Anwendung ebenfalls körperlichen Schaden anrichten (Schambortski, 2008).

Gesunde und engagierte Mitarbeiter zählen jedoch heute zu den bedeutendsten wirtschaftlichen Ressourcen. Die neue Herausforderung an die Unternehmensleitung und das Personalmanagement besteht im Erhalten und Fördern der Gesundheit der Beschäftigten. Denn die Bedingungen, unter denen Berufstätige heute ihrer Arbeit nachgehen, erfordern eine hohe Anpassungsfähigkeit. Gute Arbeitsbedingungen schaffen dabei eine höhere Lebensqualität der Mitarbeiter. Diese wiederum steigert nachhaltig ihre Motivation und die Arbeitsleistung (Uhle & Treier, 2011).

3 Forschungsfragen und Hypothesen

Unter einer Forschungsfrage wird im Zusammenhang des wissenschaftlichen Arbeitens die Ausformulierung des Ziels eines Forschungsprojekts verstanden. Meist überprüfen Forschungsfragen bestimmte Hypothesen innerhalb eines Paradigmas. Eine Hypothese ist eine Annahme, welche noch nicht bewiesen ist (Bamberg, Baur & Krapp, 2012).

In dieser Arbeit wird die Frage untersucht, inwieweit in der JoinLife GmbH durch die hohe Arbeitsbelastung vermehrt gesundheitliche Probleme bei den Mitarbeitern auftreten und inwieweit diese sich in Bezug auf die verschiedenen Abteilungen unterscheiden. Des Weiteren wird untersucht, ob die vermehrten körperlichen Anforderungen mit den auftretenden gesundheitlichen Beschwerden zusammenhängen und inwieweit hier geschlechterspezifische Differenzen nachgewiesen werden können. Dazu werden drei Hypothesen formuliert:

Hypothese 1 hat die Beschreibung von Geschlechterunterschieden in Bezug auf gesundheitliche Probleme zum Gegenstand.
Die empirisch inhaltliche Hypothese lautet:
„Das Ausmaß an gesundheitlichen Beschwerden unterscheidet sich bei den weiblichen und männlichen Mitarbeitern."

Hypothese 2 betrachtet den Zusammenhang von dem Ausmaß an körperlichen Anforderungen und dem Ausmaß an gesundheitlichen Problemen der Arbeitnehmer.
Die empirisch inhaltliche Hypothese lautet:
„Das Ausmaß der körperlichen Anforderungen am Arbeitsplatz steht in Zusammenhang mit den gesundheitlichen Beschwerden der Mitarbeiter."

Hypothese 3 beschäftigt sich mit dem Zusammenhang bei den jeweiligen Abteilungen bezogen auf die gesundheitlichen Probleme der Mitarbeiter.
Die empirisch inhaltliche Hypothese lautet:
„Das Ausmaß der gesundheitlichen Beschwerden hat einen Zusammenhang mit den verschiedenen Abteilungen."

Durch die Auswertung der Mitarbeiter-Fragebögen soll die Signifikanz dieser Hypothesen überprüft werden. Wird ein Testergebnis als statistisch signifikant bezeichnet, heißt das, dass die Irrtumswahrscheinlichkeit, dass die angenommene Hypothese auch auf die Grundgesamtheit zutrifft, nicht über einem festgelegten Niveau liegt (Bamberg et al., 2012).

4 Operationalisierung

Die Erhebung der Konstrukte „gesundheitlichen Beschwerden" und „Anforderungen" wurden mit Hilfe eines Fragebogens realisiert. Die Items hierzu wurden jeweils mit Hilfe einer fünfstufigen Likert-Skala abgefragt.

Für die Skala „Gesundheitliche Beschwerden" wurden folgende Items festgesetzt: kBes1, kBes2, kBes3, kBes4, kBes5, kBes6, kBes7 und kBes8.

Es wird hierbei abgefragt, wie häufig die Mitarbeiter in den vergangenen 12 Monaten folgende Beschwerden beklagten:

Kopfschmerzen, Nacken- oder Schulterschmerzen, Rücken- oder Kreuzschmerzen, Gelenk- oder Gliederschmerzen, Schlaflosigkeit oder Schlafstörung, Appetitlosigkeit, Magenbeschwerden oder Verdauungsbeschwerden, Hautprobleme/Hauterkrankungen oder Juckreiz/Augenprobleme: Brennen, Rötungen, Jucken, Tränen der Augen.

Die Antwortmöglichkeiten hierfür waren Folgende:

ständig, oft, manchmal, kaum oder nie.

Die Auswertung erfolgte hier ausschließlich positiv poliert:

0 = ständig, 1 = oft, 2 = manchmal, 3 = kaum, 4 = nie

Die personenbezogenen Daten (Geschlecht, Alter, Dauer der Betriebszugehörigkeit und Abteilungszugehörigkeit) wurden ebenfalls mittels des Fragebogens erhoben.

Vor allem das Geschlecht und die Abteilungszugehörigkeit waren von Bedeutung, um die aufgestellten Hypothesen auswerten zu können.

Der Anhang weist eine Übersicht der zur Befragen verwendeten Skalen auf (vgl. hierzu Zip Datei - Auswertung Statistik).

5   Datenerhebung

Die Mitarbeiterbefragung zählt zu den wichtigsten Informationsquellen für eine exakte und realitätsnahe Analyse der Unternehmenssituation (Rosenstiel et al., 1995). Solch eine Mitarbeiterbefragung wurde im Februar 2018 in der Firma JoinLife GmbH durchgeführt. Das Unternehmen produziert Fitnessgeräte. Die JoinLife GmbH ist in die Abteilungen Verwaltung, Produktion, Lager und Auslieferung unterteilt. Vor allem die Mitarbeiter der Produktion, des Lagers und der Auslieferung sind täglich mit dem Gewicht der schweren metallischen Baustoffe konfrontiert. Aufgrund vermehrter Krankmeldungen im vergangenen Jahr entschloss sich die oberste Führungsebene des Unternehmens dazu, eine gesundheitsbezogene Mitarbeiterbefragung zu starten. So soll die aktuelle Lage der Belegschaft zum Thema Gesundheit am Arbeitsplatz erfasst werden, um gezielte Verbesserungsmaßnahmen einleiten zu können. Dadurch sollen die vermehrten Krankheitsfälle und eine erhöhte Fluktuationsrate eingedämmt werden.

Zur Verbesserung der unternehmensinternen Kommunikation und des Informationsflusses wurde kürzlich für alle Mitarbeiter ein Intranet eingerichtet. Das Intranet ist ein unternehmensinternes Computernetzwerk und ausschließlich für die Mitarbeiter der JoinLife GmbH zugänglich. Es bietet sowohl Kommunikationsmöglichkeiten als auch Suchmöglichkeiten nach bestimmten Informationen. Weiterhin ist es den Mitarbeitern der JoinLife GmbH dadurch möglich, gemeinsam Dateien zu bearbeiten und auf gemeinsame interne Ressourcen zuzugreifen.

Über das Intranet konnten alle Mitarbeiterinnen und Mitarbeitern des Unternehmens über die Befragung informiert werden. Über die Führungsebene wurde das Ziel ausgerufen, dass bei dieser Umfrage eine Beteiligung von möglichst 100 Prozent erreicht werden soll. Da die Teilnahme jedoch freiwillig ist und für die Mitarbeiter einen zusätzlichen Aufwand darstellt, hielt sich die Motivation zur Teilnahme anfangs in Grenzen. Um den Mitarbeitern einen Teilnahme-Anreiz zu bieten, wurde verkündet, dass unter allen Teilnehmern nach der Auswertung der Fragebögen ein neues iPhone X verlost wird. So konnten 119 von den insgesamt 167 Beschäftigten zur Teilnahme motiviert werden.

6 Datenauswertung

6.1. Datenaufbereitung

Um Folgefehler bei der Eingabe zur Auswertung zu vermeiden, wurde das Datenfile gründlich auf Fehler inspiziert. Die Fragebögen, welche von den Mitarbeitern der Join-Life GmbH ausgefüllt wurden, wurden anschließend zur Erstellung eines Datensatzes in einer Excel-Tabelle festgehalten. Jeder Fragebogen wurde dabei nochmals einzeln untersucht und im Anschluss in die Tabelle eingetragen.

Die Kodierung der Items erfolgte dabei von null bis vier (ausgenommen die persönlichen Angaben), da die Fragen jeweils in einer fünfstufigen Likert-Skala beantwortet wurden und durch diese Kodierung die Auswertung vereinfacht wird.

Folgende Items wurden erfasst und kodiert:

<u>Persönliche Angaben:</u>

Geschlecht: männlich = 0; weiblich = 1

Alter: Unter 20 Jahren = 0; 20-29 Jahre = 1; 30-39 Jahre = 2; 40-49 Jahre = 3; 50-59 Jahre = 4; Über 60 Jahre = 5

Betriebszugehörigkeit: Unter 5 Jahre = 0; 5-9 Jahre = 1; 10-19 Jahre = 2; 20 Jahre und mehr = 3

Abteilung: Verwaltung = 0; Produktion = 1; Lager = 2; Auslieferung = 3

<u>Fragen zur Gesundheit am Arbeitsplatz:</u>

Körperliche Anforderungen: kanf1, kanf2, kanf3, kanf4, negkanf1, negkanf2, negkanf3)

Gesundheitliche Beschwerden: kBes1, kBes2, kBes3, kBes4, kBes5, kBes6, kBes7, kBes8

Stimmung am Arbeitsplatz: Stim1, neStim2, Stim3, neStim4, Stim5

Wohlbefinden: Wohlbe1, Wohlbe2, Wohlbe3, Wohlbe4, neWohl1, neWohl2, neWohl3, neWohl4

Es ist anzumerken, dass die Variablen negkanf1, negkanf2, negkanf3, neStim2, neStim4, neWohl1, neWohl2, neWohl3 und neWohl4 umgepolt wurden, da diese jeweils negativ formuliert wurden.

Zur Bearbeitung und Auswertung des Datensatzes wurde das Statistik-Programm IBM

SPSS Statistics Version 25 | Rang 35 / 410 in der 14-tägigen kostenlosen Test-Version verwendet. Der zugehörige Programmcode wird im den Berechnungen zugrunde liegenden Anhang dokumentiert.

Die Mittelwerte der gesundheitlichen Beschwerden und der körperlichen Anforderungen wurden dabei folgendermaßen berechnet:

Im Menü wurde „Transformieren → Variable berechnen" ausgewählt. Anschließend wurde im Feld „Zielvariable" der Name der neuen Variable eingegeben (MW_gesundheitliche_Beschwerden beziehungsweise MW_Anforderungen).

Im Feld „Numerischer Ausdruck" wurde die Formel zur Berechnung der neuen Variable eingegeben. Durch „OK" wurde der Vorgang bestätigt.

6.2. Beschreibung der Stichprobe bzw. deskriptive Analyse

6.2.1. Geschlecht

Geschlecht

		Häufigkeit	Prozent	Gültige Prozente	Kumulierte Prozente
Gültig	männlich	74	36,8	62,2	62,2
	weiblich	45	22,4	37,8	100,0
	Gesamt	119	59,2	100,0	
Fehlend	System	82	40,8		
Gesamt		201	100,0		

Tab.1: unternehmensinterne Geschlechter-Verteilung

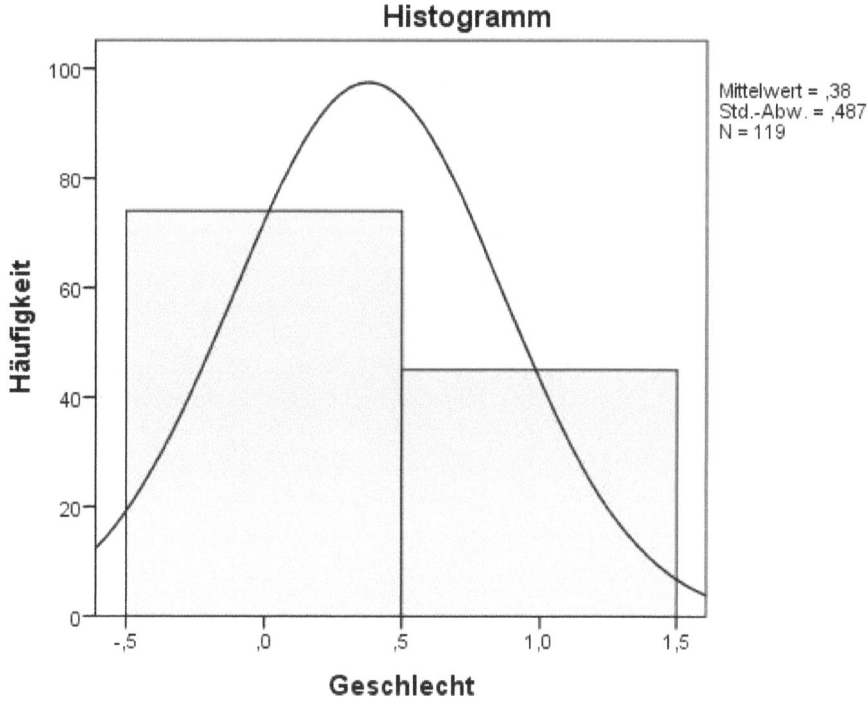

Abb.1: unternehmensinterne Geschlechter-Verteilung

Tabelle 1 zeigt die Verteilung der beiden Geschlechter im Unternehmen.

Es wird deutlich, dass von den 119 Umfrage-Teilnehmern 74 männlichen Geschlechts sind und 45 weiblich. Das ergibt einen kumulierten Prozentsatz von 62,2 Prozent männlichen und 37,8 Prozent weiblichen Teilnehmern.

Wie das Diagramm aus Abbildung 1 veranschaulicht, weicht die Normalverteilung ab.

6.2.2. Alter

Alter

		Häufigkeit	Prozent	Gültige Prozente	Kumulierte Prozente
Gültig	Unter 20 Jahre	14	7,0	11,8	11,8
	20 - 29 Jahre	36	17,9	30,3	42,0
	30 - 39 Jahre	41	20,4	34,5	76,5
	40 - 49 Jahre	20	10,0	16,8	93,3
	50 - 59 Jahre	7	3,5	5,9	99,2
	Über 60 Jahre	1	,5	,8	100,0
	Gesamt	119	59,2	100,0	
Fehlend	System	82	40,8		
Gesamt		201	100,0		

Tab.2: unternehmensinterne Alters-Verteilung

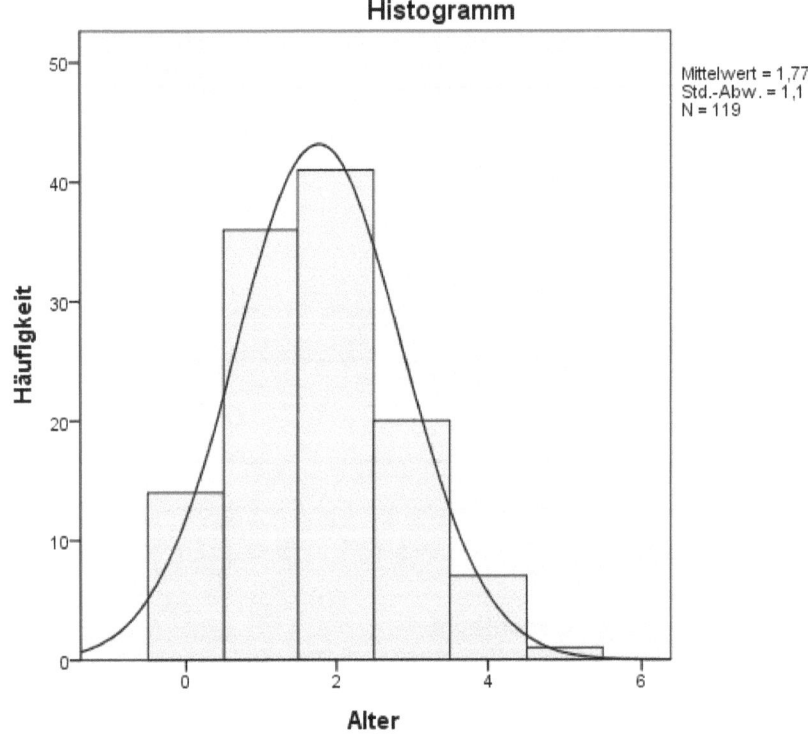

Abb.2: unternehmensinterne Alters-Verteilung

Tabelle 2 zeigt die Verteilung der verschiedenen Altersgruppen im Unternehmen.
Es wird deutlich, dass von die 119 Umfrage-Teilnehmer größtenteils zwischen 20 und
39 Jahre alt sind mit insgesamt 64,8 Prozent. Die drittgrößte Altersgruppe bilden die 40
bis 49-Jährigen mit 16,8 Prozent. Die unter 20-Jährigen haben einen Anteil von 11,8
Prozent. Die zwei am geringst vertretenen Altersgruppen bilden die 50 bis 59-Jährigen
mit 5,9 Prozent und die über 60-Jährigen, worunter sich nur ein Teilnehmer befand, mit
0,8 Prozent.
Wie das Diagramm aus Abbildung 2 veranschaulicht, weicht die Normalverteilung ab.

6.2.3. Betriebszugehörigkeit

Betriebszugehörigkeit

		Häufigkeit	Prozent	Gültige Prozente	Kumulierte Prozente
Gültig	Unter 5 Jahre	38	18,9	31,9	31,9
	5 - 9 Jahre	42	20,9	35,3	67,2
	10 - 19 Jahre	26	12,9	21,8	89,1
	20 Jahre und mehr	13	6,5	10,9	100,0
	Gesamt	119	59,2	100,0	
Fehlend	System	82	40,8		
Gesamt		201	100,0		

Tab.3: unternehmensinterne Betriebszugehörigkeits-Verteilung

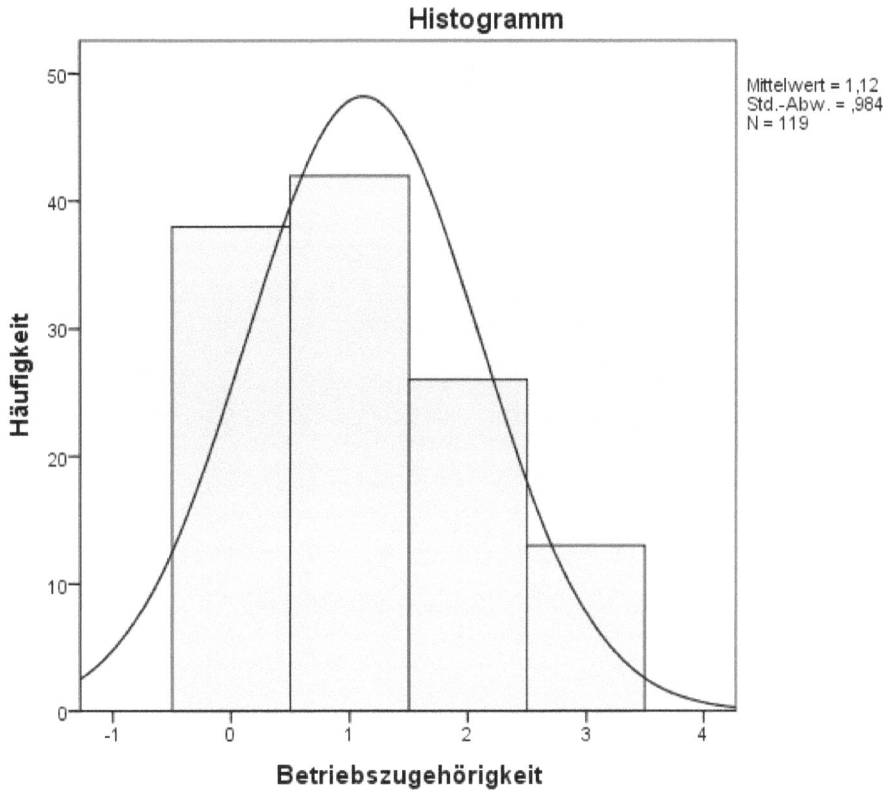

Abb.3: unternehmensinterne Betriebszugehörigkeits-Verteilung

Tabelle 3 zeigt die Verteilung der verschiedenen Jahre an Betriebszugehörigkeit.

Von den 119 Umfrage-Teilnehmern sind 35,3 Prozent seit fünf bis neun Jahren im Unternehmen angestellt. 31,9 Prozent sind weniger als fünf Jahre betriebszugehörig, 21,8 Prozent sind seit zehn bis neunzehn Jahren bei der JoinLife GmbH angestellt und 10,9 Prozent sind seit zwanzig oder mehr Jahren im Unternehmen angestellt.

Wie das Diagramm aus Abbildung 3 veranschaulicht, weicht die Normalverteilung ab.

6.2.4. Abteilung

Abteilung

		Häufigkeit	Prozent	Gültige Prozente	Kumulierte Prozente
Gültig	Verwaltung	21	10,4	17,6	17,6
	Produktion	54	26,9	45,4	63,0
	Lager	25	12,4	21,0	84,0
	Auslieferung	19	9,5	16,0	100,0
	Gesamt	119	59,2	100,0	
Fehlend	System	82	40,8		
Gesamt		201	100,0		

Tab.4: unternehmensinterne Abteilungs-Verteilung

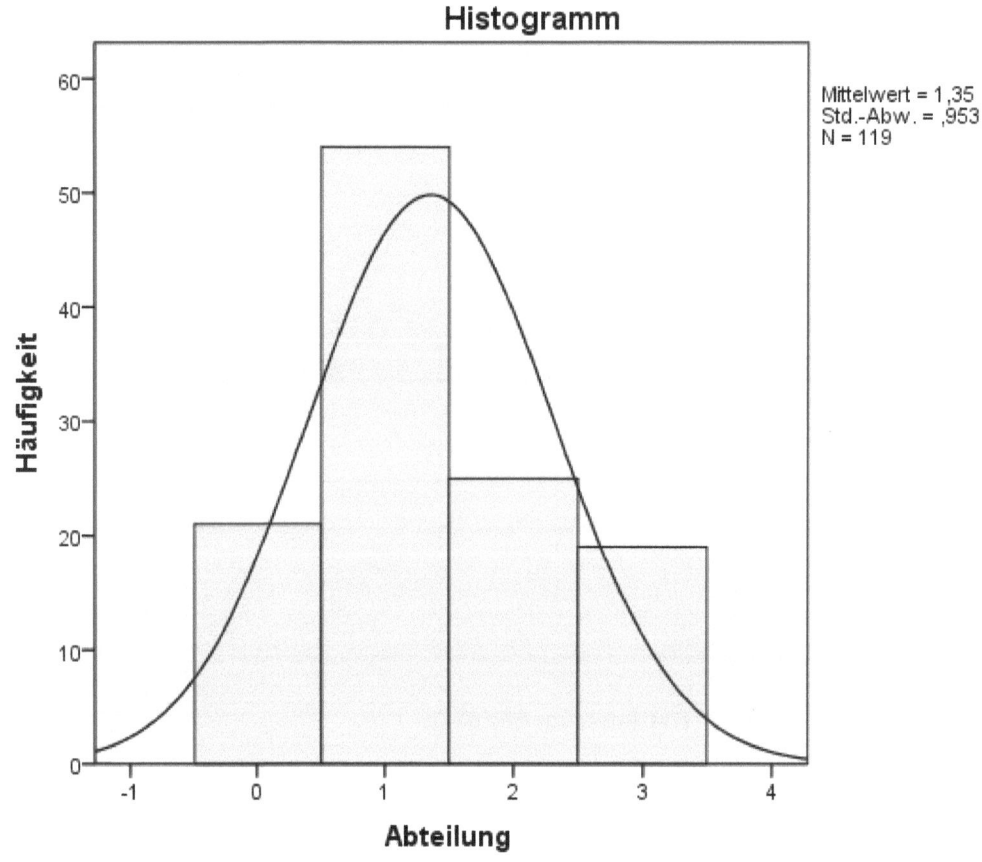

Abb.4: unternehmensinterne Abteilungs-Verteilung

Tabelle 4 spiegelt die Verteilung der Teilnehmer auf die unterschiedlichen Abteilungen der JoinLife GmbH wieder.

Von den 119 Umfrage-Teilnehmern sind 45,4 Prozent Produktionsmitarbeiter, 21 Prozent sind im Lager tätig, 17,6 Prozent in der Verwaltung und 16 Prozent sind Mitarbeiter in der Auslieferungs-Abteilung.

Wie das Diagramm aus Abbildung 4 veranschaulicht, weicht die Normalverteilung ab.

6.3. Inferenzstatistische Analyse

6.3.1. Hypothese 1

T-Test

Gruppenstatistiken					
	Geschlecht	N	Mittelwert	Standardabweichung	Standardfehler des Mittelwertes
MW_gesundheitliche_ Beschwerden	männlich	74	3,1436	,59128	,06873
	weiblich	45	2,8778	,58356	,08699

Test bei unabhängigen Stichproben

		Levene-Test der Varianzgleichheit		T-Test für die Mittelwertgleichheit					95% Konfidenzintervall der Differenz	
		F	Signifikanz	T	df	Sig. (2-seitig)	Mittlere Differenz	Standardfehler der Differenz	Untere	Obere
MW_gesundheitliche_ Beschwerden	Varianzen sind gleich	,018	,894	2,390	117	,018	,26580	,11123	,04552	,48608
	Varianzen sind nicht gleich			2,397	94,003	,018	,26580	,11087	,04567	,48594

Tab.5: T-Test zum Mittelwerts-Abgleich

Die erste empirisch inhaltliche Hypothese lautet: „Das Ausmaß an gesundheitlichen Beschwerden unterscheidet sich bei den weiblichen und männlichen Mitarbeitern."
Daraus lässt sich folgende statistische Hypothese H1 ableiten: „Das Ausmaß der berichteten gesundheitlichen Beschwerden (kBes1-kBes8) ist in den beiden Geschlechtergruppen (0; 1) unterschiedlich."
Die H0-Hypothese dazu lautet: „Mitarbeiterinnen haben das selbe Ausmaß an gesundheitlichen Beschwerden wie ihre männlichen Kollegen, es gibt keinen Unterschied."

Um die H1-Hypothese zu überprüfen wurde ein T-Test mit zwei unabhängigen Variablen durchgeführt (siehe Tab. 5). Der T-Test berechnet, wie weit die Mittelwerte der beiden Gruppen voneinander abweichen.
Die deskriptive Gruppenstatistik zeigt, dass die männlichen Teilnehmer einen Mittelwert von 3,1436 und die weiblichen einen Mittelwert von 2,8778 in Bezug auf die gesundheitlichen Beschwerden haben.
Die Prüfgrößen haben einen Signifikanzwert von 0,018, das heißt, sie sind kleiner als 0,05 und damit signifikant, wie die Werte der Spalte „Sig (2-seitig)" zeigen.

6.3.2. Hypothese 2

Korrelationen

Korrelationen

		MW_gesundheitliche_Beschwerden	MW_Anforderungen
MW_gesundheitliche_Beschwerden	Korrelation nach Pearson	1	,057
	Signifikanz (2-seitig)		,537
	N	119	119
MW_Anforderungen	Korrelation nach Pearson	,057	1
	Signifikanz (2-seitig)	,537	
	N	119	119

Tab.6: Bivariate Korrelation zur Berechnung von Zusammenhängen

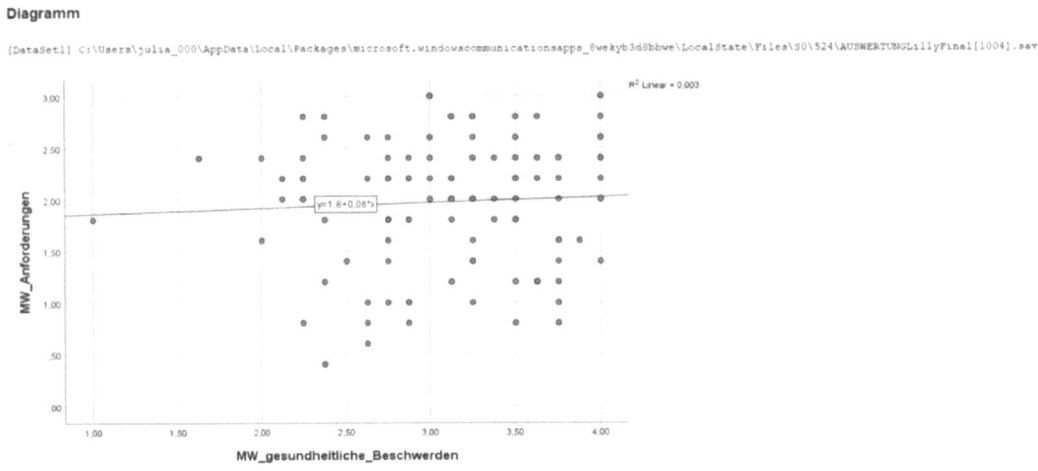

Abb.5: Streudiagramm Hypothese 2

Die zweite empirisch inhaltliche Hypothese lautet: „Das Ausmaß der körperlichen Anforderungen am Arbeitsplatz steht in Zusammenhang mit den gesundheitlichen Beschwerden der Mitarbeiter."

Daraus kann folgende statistische Hypothese H2 abgeleitet werden: „Es besteht ein Zusammenhang zwischen dem Ausmaß an körperlichen Anforderungen (kanf1-kanf5) und den berichteten gesundheitlichen Beschwerden der Teilnehmer (kBes1-kBes8)."

Die H0-Hypothese dazu lautet: „Die körperlichen Anforderungen bei der Arbeit haben keinen Zusammenhang mit den gesundheitlichen Beschwerden der Mitarbeiter."

Um die H2-Hypothese zu überprüfen wurde eine bivariate Korrelation nach Pearson durchgeführt. Diese berechnet den linearen Zusammenhang zweier intervallskalierter Variablen.

Wie Tabelle 6 zeigt, ist der Zusammenhang nicht signifikant, da der Signifikanzwert mit 0,537 deutlich über 0,05 liegt. Der Korrelationskoeffizient beträgt 0,057. Abbildung 5 zeigt das zugehörige Streudiagramm. Das Testergebnis wird hierbei grafisch veranschaulicht.

6.3.3. Hypothese 3

Korrelationen

Korrelationen

		MW_gesundheitliche_Beschwerden	Abteilung
MW_gesundheitliche_Beschwerden	Korrelation nach Pearson	1	,221[*]
	Signifikanz (2-seitig)		,016
	N	119	119
Abteilung	Korrelation nach Pearson	,221[*]	1
	Signifikanz (2-seitig)	,016	
	N	119	119

*. Die Korrelation ist auf dem Niveau von 0,05 (2-seitig) signifikant.

Tab.7: Bivariate Korrelation zur Berechnung von Zusammenhängen

```
GRAPH
  /SCATTERPLOT(BIVAR)=ort WITH MW_gesundheitliche_Beschwerden
  /MISSING=LISTWISE.
```

Diagramm

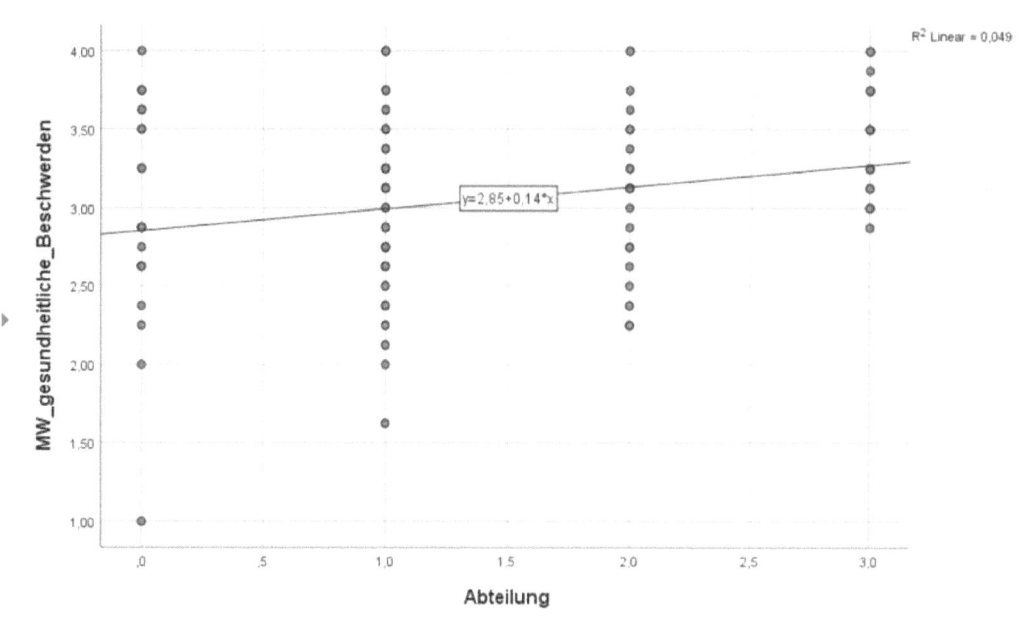

Abb.6: Streudiagramm Hypothese 3

Die dritte und damit letzte empirisch inhaltliche Hypothese lautet: „Das Ausmaß der gesundheitlichen Beschwerden hat einen Zusammenhang mit den verschiedenen Abteilungen."

Daraus kann folgende statistische Hypothese H3 abgeleitet werden: „Es besteht ein Zusammenhang zwischen dem berichteten Ausmaß an gesundheitlichen Beschwerden (kBes1-kBes8) und den verschiedenen Abteilungen, in denen die Teilnehmer tätig sind (ort)."

Die H0-Hypothese dazu lautet: „Die Abteilung, in welcher die Mitarbeiter tätig sind, steht in keinem Zusammenhang mit den gesundheitlichen Beschwerden der Mitarbeiter."

Um die H3-Hypothese zu überprüfen wurde erneut eine bivariate Korrelation nach Pearson durchgeführt. Diese berechnet den linearen Zusammenhang der intervallskalierten Variablen.
Wie Tabelle 7 zeigt, ist der Zusammenhang signifikant, da der Signifikanzwert mit 0,016 deutlich unter 0,05 liegt. Der Korrelationskoeffizient beträgt 0,221. Abbildung 6 zeigt das zugehörige Streudiagramm, welches das Testergebnis grafisch veranschaulicht.

7 Ergebniszusammenfassung

An der Mitarbeiterbefragung der JoinLife GmbH vom Februar 2018 nahmen insgesamt 119 von den 167 Mitarbeitern teil. Davon waren 74 Teilnehmer männlich und 45 weiblich. Die meisten der Teilnehmer arbeiteten in der Produktion, waren zwischen 30 und 39 Jahren alt und seit fünf bis neun Jahren beim Unternehmen angestellt.

Die erste Hypothese „Das Ausmaß der berichteten gesundheitlichen Beschwerden (kBes1-kBes8) ist in den beiden Geschlechtergruppen (0; 1) unterschiedlich" wurde mittels des T-Test-Verfahrens überprüft. Mit dem T-Test für zwei unabhängige Stichproben kann getestet werden, ob die Mittelwerte von zwei Stichproben verschieden sind.

Der SPSS-Output aus Tabelle 5 zeigt bei der Durchführung eines T-Tests für unabhängige Stichproben automatisch sowohl die Ergebnisse bei Varianzhomogenität ("Varianzen sind gleich") als auch bei Varianzheterogenität ("Varianzen sind nicht gleich").

Da im Beispiel Varianzheterogenität vorliegt, wird die Zeile "Varianzen sind nicht gleich" betrachtet: Die Mittelwerte unterscheiden (2,390 bei den männlichen und 2,397 bei den weiblichen Teilnehmern und der zugehörige Signifikanzwert beträgt 0,018, womit er deutlich kleiner als 0,05 ist.

Der Unterschied ist deshalb auf einem 5-Prozent-Niveau signifikant, wodurch die Hypothese als vorläufig bewährt gilt.

Die zweite Hypothese „Es besteht ein Zusammenhang zwischen dem Ausmaß an körperlichen Anforderungen (kanf1-kanf5) und den berichteten gesundheitlichen Beschwerden der Teilnehmer (kBes1-kBes8)" wurde mit Hilfe einer bivariaten Korrelationsanalyse nach Pearson überprüft, welche den linearen Zusammenhang zweier intervallskalierten Variablen berechnet.

Ist der Korrelationswert kleiner als Null, so besteht ein negativer linearer Zusammenhang. Bei einem Wert grösser als Null besteht ein positiver linearer Zusammenhang und bei einem Wert von Null besteht kein Zusammenhang zwischen den Variablen.

Mit dem Korrelationskoeffizienten alleine kann man jedoch noch keine Aussage darüber machen, ob ein signifikanter Zusammenhang zwischen den beiden Variablen vorherrscht. Der SPSS-Output in Tabelle 6 gibt den Korrelationskoeffizienten sowie den Signifikanzwert wieder. Es wird ersichtlich, dass kein signifikanter Zusammenhang vorliegt, da der Signifikanzwert mit 0,537 deutlich über 0,05 liegt.

Die Hypothese gilt damit als vorläufig zu verwerfen, wodurch die zugehörige Hypothese H0 in diesem Fall vorläufig anzunehmen ist.

Die dritte Hypothese „Es besteht ein Zusammenhang zwischen dem berichteten Ausmaß an gesundheitlichen Beschwerden (kBes1-kBes8) und den verschiedenen Abteilungen, in denen die Teilnehmer tätig sind (ort)" wurde ebenfalls mittels einer bivariaten Korrelationsanalyse nach Pearson überprüft. Der SPSS-Output in Tabelle 7 gibt den Korrelationskoeffizienten sowie den Signifikanzwert wieder. Hier wird deutlich, dass ein positiver signifikanter Zusammenhang besteht, da der Korrelationskoeffizient 0,221 beträgt und Signifikanzwert mit 0,016 deutlich unter 0,05 liegt.

Die Hypothese ist auf einem Niveau von 0,05 Prozent zweiseitig signifikant und gilt damit als vorläufig bewährt.

8 Interpretation und Ausblick

Insgesamt haben 71,26 Prozent der Mitarbeiter an der Befragung teilgenommen. Es sollte von der JoinLife GmbH darauf geachtet werden, dass ein höherer Prozentsatz für die Mitarbeiterbefragungen erreicht wird, um die Gruppengröße damit die Wahrscheinlichkeit auf realitätsnahe Ergebnisse zu steigern. Dies kann beispielsweise durch unternehmensinterne Werbung für die Umfragen stattfinden, bei der darauf verwiesen wird, dass alle Teilnehmer einen halben Tag Urlaub angerechnet bekommen für ihre Teilnahme. Auch eine Garantie auf vollständige Anonymität bei der Auswertung ist für viele Mitarbeiter essenziell für deren Teilnahme an derartigen Umfragen.

Von den 119 Befragungs-Teilnehmern waren 74 Teilnehmer männlich und 45 weiblich. Für die erste Hypothese hat sich mit Hilfe des T-Test-Verfahrens gezeigt, dass der Unterschied signifikant ist, wodurch angenommen werden kann, dass männliche und weibliche Mitarbeiter ein unterschiedliches Ausmaß an gesundheitlichen Beschwerden in der JoinLife GmbH erleben.

Das bedeutet, dass diese Tatsache in der Analyse der Ausgangssituation berücksichtigt werden muss. Zudem muss die JoinLife GmbH zukünftig darauf achten, geschlechterspezifische und individuelle Maßnahmen zur Förderung der Gesundheit am Arbeitsplatz umzusetzen, um für die Arbeitnehmer/-innen verbesserte Arbeitsbedingungen zu schaffen.

Die zweite Hypothese erwies sich im Test als eine nicht signifikante Korrelation. Es wird deshalb davon ausgegangen, dass kein Zusammenhang zwischen dem Ausmaß an körperlichen Anforderungen und den berichteten gesundheitlichen Beschwerden der Teilnehmer besteht.

Dieses Ergebnis wurde nicht erwartet und es ist zudem wenig plausibel, da es logisch scheint, dass der menschliche Körper je mehr er belastet wird auch verstärkt gesundheitliche Beschwerden aufweist.

Dieses unerwartete Testergebnis kann damit zusammenhängen, dass die Fragen und die Antwortmöglichkeiten dies bezogen nicht eindeutig genug festgesetzt wurden. Um den Teilnehmern bei zukünftigen Befragungen entgegen zu kommen, sollten die Fragebögen insgesamt spezifischer und umfangreicher gestaltet werden. Für die zugehörigen Items könnte deshalb in Zukunft eine dreistufige Likert-Skala gewählt werden, um das Entscheidungsspektrum der Mitarbeiter zu schmälern und so Unsicherheiten beim Antworten zu vermeiden.

Die dritte Hypothese erwies sich nach der Überprüfung mit einer bivariaten Korrelation als statistisch signifikant. Es ist daher anzunehmen, dass ein Zusammenhang zwischen dem berichteten Ausmaß an gesundheitlichen Beschwerden und den verschiedenen Abteilungen, in denen die Teilnehmer tätig sind, vorliegt. Dieses Ergebnis war zu erwarten. Es ist daher für die JoinLife GmbH ratsam, individuelle und ausreichende Erhol-Zeiten für die Mitarbeiter der verschiedenen Abteilungen zu schaffen.

Zudem sollte darauf geachtet werden, dass abwechslungsreiche Arbeitstätigkeiten, die einen Wechsel zwischen Belastung und Entlastung ermöglichen, zum Arbeitsalltag aller Mitarbeiter gehören. So können monotone Bewegungsabläufe unterbunden werden. Auch ergonomische Arbeitsmittel sollten zur Verfügung gestellt werden, um eine übermäßige Belastung zu verhindern.

Wie unter Punkt 2 bereits aufgeführt wurde, ist die Gesundheit der Mitarbeiter von größter Bedeutung, denn nur gesunde Mitarbeiter sind dazu in der Lage, ihre Arbeit effektiv und motiviert zu verrichten (Rosenstiel et al., 1995).

Der Arbeitgeber sollte sich deshalb an den Ergebnissen der Mitarbeiterfragebögen orientieren, um die Gesundheit und die Sicherheit der Beschäftigten aufrechtzuerhalten.

Es wird der JoinLife GmbH deshalb dazu geraten, zukünftig Fragebögen für spezifische unternehmensinterne Gruppen, wie beispielsweise für einzelne Abteilungen, Alters- oder Geschlechter-Gruppen durchzuführen, um individueller auf die Bedürfnisse der Arbeitnehmer eingehen zu können.

9 Literaturverzeichnis

Bamberg, G., Baur, F. & Krapp, M. (2012). *Statistik* (17. Auflage). München: Oldenbourg Verlag.

Eckstein, P. (2016). *Angewandte Statistik mit SPSS: Praktische Einführung für Wirtschaftswissenschaftler* (8.Auflage). Berlin: Springer Gabler Verlag.

Fehlau, E. (2013). *Gesundheit am Arbeitsplatz: So prüfen Sie, ob Ihr Arbeitsplatz krank macht* (1. Auflage). Beck Kompakt Verlag.

Rosenstiel, L., Molt, W., & Rüttinger, B. (1995). *Organisationspsychologie* (8. Auflage). Stuttgart, Berlin, Köln: Kohlhammer Urban-Taschenbücher.

Schambortski, H. (2008). *Mitarbeitergesundheit und Arbeitsschutz: Gesundheitsförderung als Führungsaufgabe* (1. Auflage). München: Urban & Fischer Verlag

Uhle, T & Treier, M. (2011) Betriebliches Gesundheitsmanagement (1. Auflage). Berlin: Springer Verlag.

10 Tabellenverzeichnis

11 Abbildungsverzeichnis

12 Anhang 1 (Musterfragebogen)

Sind Sie...	
Männlich?	☒
Weiblich?	☐

Wie alt sind Sie?	
Unter 20 Jahre	☒
20 - 29 Jahre	☐
30 - 39 Jahre	☐
40 - 49 Jahre	☐
50 - 59 Jahre	☐
Über 60 Jahre	☐

Seit wie vielen Jahren sind Sie in Ihrem Arbeitsbereich tätig?	
Unter 5 Jahre	☒
5 - 9 Jahre	☐
10 - 19 Jahre	☐
20 Jahre und mehr	☐

In welcher Unterabteilung arbeiten Sie?	
Verwaltung	☐
Produktion	☒
Lager	☐
Auslieferung	☐

Wie häufig treten an Ihrem Arbeitsplatz folgende Anforderungen auf:	nie	kaum	manchmal	oft	ständig
Stehen	☒	☐	☐	☐	☐
Lange Laufwege	☒	☐	☐	☐	☐
Arbeiten in gebückter Haltung	☐	☐	☐	☒	☐
Arbeiten auf Knien oder in der Hocke	☐	☐	☐	☒	☐
Arbeit über Kopf	☒	☐	☐	☐	☐

Wie anstrengend empfinden Sie Ihren Arbeitsplatz in Bezug auf die folgenden Merkmale:	Sehr anstrengend	Ziemlich anstrengend	Es geht so	Kaum anstrengend	Gar nicht anstrengend
Körperliche Anstrengungen (z.B. Tragen/Heben von schweren Gegenständen)	☐	☒	☐	☐	☐
Gleichbleibende Körperhaltung/Zwangshaltungen	☐	☒	☐	☐	☐
Beengte Raum-/Platzverhältnisse am Arbeitsplatz	☐	☒	☐	☐	☐

Wie häufig hatten Sie in den letzten 12 Monaten folgende Beschwerden:	ständig	oft	manchmal	kaum	nie
Kopfschmerzen	☐	☐	☐	☐	☒
Nacken- oder Schulterschmerzen	☐	☐	☐	☐	☒
Rücken- oder Kreuzschmerzen	☐	☐	☐	☐	☒
Gelenk- oder Gliederschmerzen	☐	☐	☐	☐	☒
Schlaflosigkeit, Schlafstörungen	☐	☐	☐	☐	☒
Appetitlosigkeit, Magenbeschwerden, Verdauungsbeschwerden	☐	☐	☐	☒	☐
Hautprobleme/Hauterkrankungen, Juckreiz	☐	☒	☐	☐	☐
Augenprobleme: Brennen, Rötung, Jucken, Tränen der Augen	☐	☒	☐	☐	☐

Wie häufig empfanden Sie in letzter Zeit folgende Gefühle und Stimmungen?	ständig	oft	manchmal	kaum	nie
Zuversicht, Lebensfreude	☒	☐	☐	☐	☐
Energielosigkeit, Erschöpftheit, allgemeine Unlust	☐	☐	☐	☐	☒
Ausgeglichenheit	☒	☐	☐	☐	☐
Nach der Arbeit nicht abschalten können	☐	☐	☐	☐	☒
Selbstvertrauen	☒	☐	☐	☐	☐
Angst vor Fehlern, vor dem Versagen	☐	☐	☐	☐	☒

Wie häufig ist es in den letzten vier Arbeitswochen vorgekommen, dass Sie...	nie	kaum	manchmal	oft	ständig
... mit richtiger Freude gearbeitet haben?	☐	☐	☐	☐	☒
... durch Ihre Arbeit Anerkennung bekommen haben?	☐	☐	☐	☐	☒
... stolz auf Ihre Arbeit waren?	☐	☐	☐	☐	☒
... sich mit Ihrem Unternehmen besonders verbunden gefühlt haben?	☐	☐	☐	☐	☒

Wie häufig ist es in den letzten vier Arbeitswochen vorgekommen, dass Sie...	nie	kaum	manchmal	oft	ständig
... sich nach der Arbeit leer und ausgebrannt gefühlt haben?	☒	☐	☐	☐	☐
... sich auch in Ihrer arbeitsfreien Zeit nicht richtig erholen konnten?	☒	☐	☐	☐	☐
... Ihre Arbeitssituation als frustrierend erlebt haben?	☒	☐	☐	☐	☐
... mit einem flauen Gefühl an Ihre berufliche Zukunft gedacht haben?	☒	☐	☐	☐	☐

13 Anhang 2 (Kodierleitfaden)

Variable	Bezeichnung	Kodierung
sex	Geschlecht	0 = männlich 1 = weiblich
age	Alter	0 = Unter 20 Jahre 1 = 20 - 29 Jahre 2 = 30 - 39 Jahre 3 = 40 - 49 Jahre 4 = 50 - 59 Jahre 5 = Über 60 Jahre
years	Betriebszugehörigkeit	0 = Unter 5 Jahre 1 = 5 -9 Jahre 2 = 10 - 19 Jahre 3 = 20 Jahre und mehr
ort	Abteilung	0 = Verwaltung 1 = Produktion 2 = Lager 3 = Auslieferung
kAnf1	Arbeitsplatz-Anforderungen (stehen)	0 = nie 1 = kaum 2 = manchmal
kAnf2	Arbeitsplatz-Anforderungen (lange Laufwege)	3 = oft
kAnf3	Arbeitsplatz-Anforderungen (arbeiten in gebückter Haltung)	4 = ständig
kAnf4	Arbeitsplatz-Anforderungen (arbeiten auf den Knien oder in der Hocke)	
kAnf5	Arbeitsplatz-Anforderungen (arbeiten über Kopf)	
negkAnf1	Anstrengung (körperlich)	0 = Gar nicht anstrengend 1 = Kaum anstrengend
negkAnf2	Anstrengung (gleichbleibende Haltung)	2 = Es geht so
negkAnf3	Anstrengung (beengter Raum)	3 = Ziemlich anstrengend 4 = Sehr anstrengend
kBes1	Gesundheitliche Beschwerden (Kopfschmerzen)	0 = ständig 1 = oft 2 = manchmal 3 = kaum 4 = nie

kBes2	Gesundheitliche Beschwerden (Nacken- oder Schulter-schmerzen)	
kBes3	Gesundheitliche Beschwerden (Rückenschmerzen)	
kBes4	Gesundheitliche Beschwerden (Gelenk- oder Glieder-schmerzen)	
kBes5	Gesundheitliche Beschwerden (Schlafstörungen)	
kBes6	Gesundheitliche Beschwerden (Appetitlosigkeit, Magen- o-der Verdauungsprobleme)	
kBes7	Gesundheitliche Beschwerden (Hautprobleme)	
kBes8	Gesundheitliche Beschwerden (Augenprobleme)	
Stim1	Stimmung (Freude)	0 = ständig 1 = oft 2 = manchmal 3 = kaum 4 = nie
neStim2	Stimmung (Energielosigkeit)	0 = nie 1 = kaum 2 = manchmal 3 = oft 4 = ständig
Stim3	Stimmung (Ausgeglichenheit)	0 = ständig 1 = oft 2 = manchmal 3 = kaum 4 = nie
neStim4	Stimmung (Abschalten nach der Arbeit)	0 = nie 1 = kaum 2 = manchmal 3 = oft 4 = ständig
Stim5	Stimmung (Selbstvertrauen)	0 = ständig 1 = oft

		2 = manchmal
		3 = kaum
		4 = nie
neStim6	Stimmung (Angst vor dem Versagen)	0 = nie
		1 = kaum
		2 = manchmal
		3 = oft
		4 = ständig
Wohlbe1	Wohlbefinden (Arbeiten mit Freude)	0 = nie
		1 = kaum
		2 = manchmal
		3 = oft
		4 = ständig
Wohlbe2	Wohlbefinden (Anerkennung)	
Wohlbe3	Wohlbefinden (Stolz)	
Wohlbe4	Wohlbefinden (Verbundenheit)	
neWohl1	Unwohlsein (leer und ausgebrannt)	0 = ständig
		1 = oft
		2 = manchmal
		3 = kaum
		4 = nie
neWohl2	Unwohlsein (Erholsamkeit)	
neWohl3	Unwohlsein (Frust)	
neWohl4	Unwohlsein (flaues Gefühl)	

14 Anhang 3 (Syntax zu den durchgeführten Berechnungen)

Geschlecht:

```
FREQUENCIES VARIABLES=sex
 /HISTOGRAM NORMAL
 /ORDER=ANALYSIS.
```

Alter:

```
FREQUENCIES VARIABLES=age
 /HISTOGRAM NORMAL
 /ORDER=ANALYSIS.
```

Betriebszugehörigkeit:

```
FREQUENCIES VARIABLES=years
 /HISTOGRAM NORMAL
 /ORDER=ANALYSIS.
```

Abteilungen:

```
FREQUENCIES VARIABLES=ort
 /HISTOGRAM NORMAL
 /ORDER=ANALYSIS.
```

Hypothese 1 (T-Test):

```
T-TEST GROUPS=sex(0 1)
 /MISSING=ANALYSIS
 /VARIABLES=MW_gesundheitliche_Beschwerden
 /CRITERIA=CI(.95).
```

Hypothese 2 (Korrelation):

```
CORRELATIONS
 /VARIABLES=MW_gesundheitliche_Beschwerden MW_Anforderungen
 /PRINT=TWOTAIL NOSIG
 /MISSING=PAIRWISE.
```

Hypothese 3 (Korrelation):

```
CORRELATIONS
 /VARIABLES=MW_gesundheitliche_Beschwerden ort
 /PRINT=TWOTAIL NOSIG
 /MISSING=PAIRWISE.
```